小神童·科普世界系列

揭秘生物

赵霞◎编绘

浙江摄影出版社
全国百佳图书出版单位

生物是什么

我们知道猫咪、狗狗是动物，小花、小草是植物。那么，生物是什么呢？

自然界中所有具有生长、发育、繁殖等能力的物体，都是我们平常说的生物。我们可以把生物分成动物、植物、微生物三类。

水里游的鱼、天上飞的鸟、地上爬的昆虫、森林里活蹦乱跳的野兽，等等，都属于动物。

大自然里，动物们活泼好动，到处能看见它们的身影。

看，青蛙既能在水里游，又能在陆地上跳，真是厉害的两栖动物啊！

植物比动物文静多了，大多数时候都是静静地待着。

植物虽然不会自主运动，但也会呼吸。

植物拥有很多不同的种类。比如，参天大树、鲜艳的花朵、青葱的小草都是植物大家庭的一员。

微生物的个头特别小，好多我们用肉眼无法看见。

微生物对人类有益也有害，像乳酸菌能帮助人体消化食物，但病毒就会危害人类的健康。

我们人类属于哺乳动物。

生物世界五彩斑斓，等着我们去探索呢！

伟大的生物学家

生物学家是做什么的呢？他们的工作有什么有趣的地方吗？

生物学家是动植物的好朋友，平常会观察它们的生活。

法国的法布尔小时候就很喜欢观察昆虫，长大后写出了《昆虫记》，让我们了解有趣的昆虫世界。

生物学家还会到世界各地考察、搜集资料。

达尔文曾经环球航行 5 年，到不同的地方考察大量动植物和地质结构，提出了生物进化论。

有了达尔文的进化学说，我们才知道我们的祖先是猿类。

4

生物学家有时会提出一些想法，并且通过实验的方法去验证自己的观点。

孟德尔不是农夫，他通过栽培豌豆来探索基因遗传的规律。

历史上还有很多著名的生物学家，例如发明了巴氏消毒法的巴斯德、提出DNA双螺旋结构的克里克和沃森……

生物学家为科学的进步作出了很大的贡献，我们要向他们致敬和学习！

多样的植物

地球上生长着多姿多彩的植物。让我们走近植物大家庭，认识这些安静的生命吧！

在阴暗、潮湿的地方，我们往往能见到苔藓。

看，岩石和树皮上生长着地衣。

这是有根、茎、叶，但不会开花、结果的蕨类植物。

低矮的灌木丛是动物藏身的地方。

瞧，变黄了的叶子正在飘落。

落叶树通常拥有宽大的叶子，到了秋天会落叶。

松树和柏树的叶子像针，四季都是绿色的。

有的植物还会吃昆虫！

捕蝇草能用叶片顶端的捕虫夹快速夹住小虫，并消化吸收。

沙柳

海冬青

沙丘中也有植物能生存。为了尽可能多地吸收水分，它们的根伸得可长了！

神奇的光合作用

植物拥有厉害的招数：它们既能通过光合作用合成营养物质，又能制造氧气。

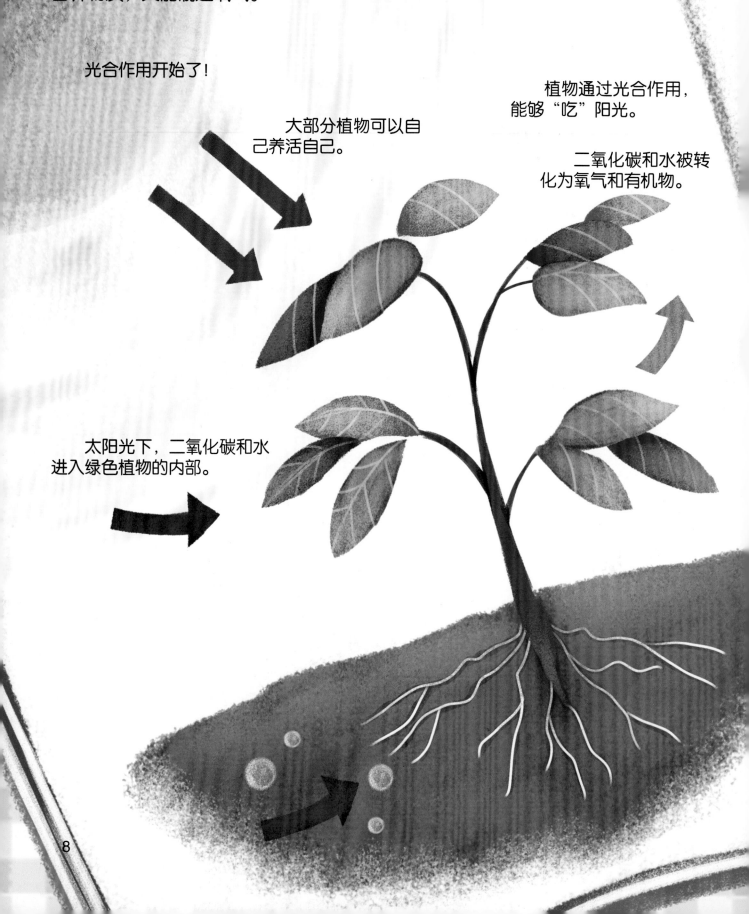

光合作用开始了！

大部分植物可以自己养活自己。

植物通过光合作用，能够"吃"阳光。

二氧化碳和水被转化为氧气和有机物。

太阳光下，二氧化碳和水进入绿色植物的内部。

光合作用在哪里进行呢？
在叶绿体上。

在自然界中，光合作用十
分重要！

绿色植物是"能量转换站"，
能够将光能转化为化学能。

光合作用还能维持大气的
碳—氧平衡。

人类所需要的粮食、
木材、油料都离不开神
奇的光合作用。

植物的开花与结果

我们知道植物能维持人类的生存环境，它们的作用真不小！那么，植物是怎么繁殖的呢？让我们来看看这些能够开花、结果的植物吧！

春天，天气暖和起来了。

植物的叶芽和花芽纷纷冒出来，花芽会开出美丽的花朵。

昆虫和鸟类被花朵的香味所吸引，将花粉带到了远方。

鸟类的排泄物里可能有它吃下去的植物种子哦！

蒲公英的种子像小小的降落伞，依靠风就可以传播。

夏天，被授粉的花会渐渐结出果实。

冬天，植物获得的水分和营养都变少了，一些植物的树叶会逐渐干枯并掉落。

牛蒡的种子有像钩子一样的刺，可以钩住动物的皮毛或人们的衣服。这样一来，种子就可以被带到别的地方。

秋天，天气慢慢变凉了。植物的果实会慢慢成熟。

松鼠会将松果埋在地下以便过冬时食用，但大部分被埋的松果最后都会在地下生根发芽。

不是所有的种子都通过风和动物传播，种子还可以通过水路漂洋过海。

无脊椎动物

大自然里的动物多种多样，哪些属于无脊椎动物呢？

无脊椎动物最特别的地方是它们的体内没有脊柱或脊索。

通常，无脊椎动物没有坚硬的内骨骼，但会有外骨骼来保护身体。

螃蟹硬邦邦的外壳其实就是外骨骼。

许多无脊椎动物喜欢居住在水里。在海洋里，我们能找到牡蛎、珊瑚虫的身影。

因为没有脊柱，所以无脊椎动物的身体大多是软软的。

在泥土里钻来钻去的蚯蚓就是柔软的无脊椎动物。

无脊椎动物的踪迹遍布海洋、江河、湖泊、池沼、陆地。

蝎子、蚯蚓、蜗牛这些无脊椎动物的个头都小小的。其实，无脊椎动物中也有大块头哦！

大王乌贼就是无脊椎动物里的"巨人"啦！它的身长能有 20 米，体重可达 1 吨。

无脊椎动物的种类数占现有动物总种类数的 95% 以上，是动物界的大家族！

13

脊椎动物

动物界有无脊椎动物，也有脊椎动物。脊椎动物有什么特别的地方？哪些动物属于脊椎动物呢？

和无脊椎动物相反，有脊椎骨的动物我们都称作脊椎动物。

脊椎动物的世界同样也是丰富多彩的呢！

脊椎动物的脊椎都被包裹在肌肉里。

脊椎动物包括圆口类、鱼类、两栖动物、爬行动物、鸟类和哺乳动物六大类。

在水里畅游的小鱼是我们很熟悉的动物伙伴。它们是用鳃来呼吸的。

圆口类是现有脊椎动物里最古老的动物，它们有些寄生在鱼身上。

小鱼的尾巴摆啊摆，加上鳍的帮忙，就能游起来啦！

小鸟有翅膀，可以在天空中尽情地翱翔。

哺乳动物和其他动物最大的不同就是哺乳动物是由妈妈胎生的，并且妈妈会用乳汁喂养自己的孩子。

像乌龟和鳄鱼这样的爬行动物，身体表面通常有坚硬的鳞片或甲。

两栖动物小时候和鱼一样生活在水中，靠鳃呼吸；长大后，它们可以到陆地上生活，用肺呼吸，而且它们的皮肤经常湿漉漉的，可以辅助呼吸，真厉害啊！

15

动物的繁殖

自然界有着数量繁多的动物，这是因为动物具有繁殖能力。大多数动物通过雌雄结合繁殖后代，一些简单的生物则通过自我复制来繁殖。

小蜗牛是从卵里孵化出来的，它们出生就带着柔软的外壳呢！

像蜻蜓和蝗虫这类昆虫的幼虫从卵中孵化而来，要经过许多次蜕皮，才能变为成虫哦！

蝴蝶的生命也是从卵开始的，蝴蝶卵孵化后的幼虫就是毛毛虫。

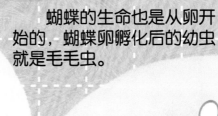

雌性青蛙一次可以产下几千枚卵！卵子遇到雄性青蛙排出的精子，会在水中结合，完成体外受精。

所有鸟类的生命都是从蛋开始的，
幼鸟和父母往往长得一点儿也不像。

海洋里有哺乳动物。和其他
海洋哺乳动物一样，虎鲸会在水
中生下宝宝。

在出生之前，哺乳动物都会在
它们的母体里生长发育。陆地上最
大的哺乳动物——非洲象，也是这
样的哦！

有袋类动物出生时并没有完
全发育成形。看，袋鼠宝宝出生
后会爬进妈妈的育儿袋里。

动物的成长

动物和人一样，也有一个成长的过程。动物会经历出生、成长发育、繁殖后代、死亡等生命周期。

两栖动物在发育过程中会发生巨大的变化，这一过程被称为变态发育。

蝾螈在发育的初期像蝌蚪一样，但它们的尾巴会保留到成年。

青蛙属于两栖动物，它是由长着尾巴的小蝌蚪发育而来的哦！

毛毛虫长大后会先变成蛹，最后变成美丽的蝴蝶。

幼年的蜗牛会吃很多富含钙的食物，让外壳变得坚硬。

大概需要6个月的时间，蜗牛可以发育成熟。

晚成鸟的雏鸟出生时是没有羽毛的，眼睛是闭着的，它们需要父母的照料才能获得食物。

通常情况下，哺乳动物的宝宝刚出生时和父母长得很像。

象宝宝的哺乳期是 2 年左右，在 10 到 18 岁时进入青春期，20 到 25 岁时进行交配。它们能活到 70 岁左右呢！

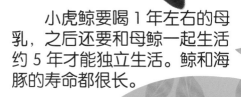

小虎鲸要喝 1 年左右的母乳，之后还要和母鲸一起生活约 5 年才能独立生活。鲸和海豚的寿命都很长。

小袋鼠会在雌性袋鼠的保护下活动，经常从育儿袋里钻出来，受到惊吓后又赶紧钻进育儿袋。

人类的成长

我们都知道刚出生的小婴儿是无法独自生活的。随着年龄的增长，他们的身体会渐渐发生变化，最终发育成人。

从出生到 3 岁期间，幼儿从爬行慢慢学会走和跑。

婴儿的颅骨比较柔软，是由多块骨头拼接在一起的哦！

当胎儿在母体内开始生长时，女性所经历的这个阶段叫作妊娠。母亲怀孕 9 个月左右时，胎儿就快要出生啦！出生后，婴儿需要父母的精心照顾。

幼儿会表现出父母的遗传特征，他们的眼睛和头发的颜色会和父母很像。

4 到 9 岁时，儿童开始变得独立，可以自己吃饭、穿衣，学习读书、写字。但是，儿童仍需要父母的保护。

大约到了 60 岁，人进入了老年阶段。老人的皱纹会增多，头发也会变白。

10 到 20 岁时，儿童进入了青春期，成为少年。瞧，男孩和女孩的身体都发生了较大的变化。

我们的身体在 21 岁左右时，一般会停止发育。这时，我们成为可以独立生活并繁衍后代的成年人啦！

老人的身体更容易生病，他们需要年轻人更多的关心和呵护。

奇妙的 DNA

"你的大眼睛和你妈妈的真像！""你和你爸爸一样，会是个高个子！"我们为什么会和亲人们有相似的地方呢？这和奇妙的 DNA 有关！

DNA 是什么呢？它是脱氧核糖核酸的英文缩写。

DNA 的主要作用是储存与传递遗传基因。我们的长相会有和爸爸、妈妈相似的地方，这就是 DNA 的功劳！

DNA 为双螺旋结构，看上去像一架被绕成麻花状的梯子。

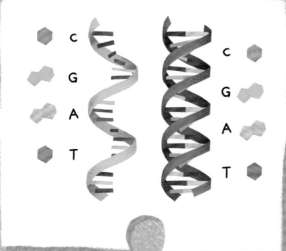

DNA 这架"梯子"的组建少不了腺嘌呤（A）、胞嘧啶（C）、鸟嘌呤（G）和胸腺嘧啶（T）这四种碱基。

基因是有遗传效应的 DNA 片段。
我们每个人都有从父母那里遗传的基
因哦！

DNA 上的遗传密码就像我们
每个人的身份证号码，是独一无
二的。

DNA 现在被广泛应
用于法医鉴定和识别罪
犯等工作中，是帮助警
察快速、准确地抓捕罪
犯的好帮手！

DNA 的复制过程中，连接酶是
"胶水"，将不同的 DNA 片段连接
在一起；旋转酶是"扳手"，让新
合成的 DNA 片段变成螺旋状。

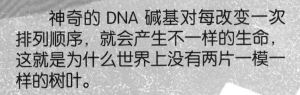

神奇的 DNA 碱基对每改变一次
排列顺序，就会产生不一样的生命，
这就是为什么世界上没有两片一模一
样的树叶。

DNA 的知识像一块大拼
图，经过一代又一代科学家
的研究，逐渐被完整地拼凑
出来。

食物链

"狼吃羊，羊吃草"，像这样一层层联结起来的关系就是食物链。

食物链的结构就像一个金字塔。每种生物都被更高一级的生物所捕食。

以其他生物或有机物为食的动物是消费者，分为食草动物和食肉动物两大类。

破坏大自然会使食物链受影响，导致生态失衡。所以我们要好好保护环境！

24

食物链可分为捕食食物链、腐食食
物链和寄生食物链三种。

以死亡的有机体或腐屑为
起点形成的食物链，叫作腐食
食物链。

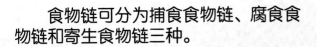

狼要捕杀兔子，这属于捕
食食物链。

小生物寄生在大生物身上构成了
寄生食物链，病毒是这条食物链上最
小的寄生者。

生产者主要指绿色植物和
藻类，它们能进行光合作用，
是食物链中的重要基础。

生物在食物链中所处的位置
是营养级。生产者是第一营养级。

每种动物不是只吃一种食
物，当多条食物链相互交叉时
就会形成食物网。有毒物质会
通过食物链逐渐积累。

栖息地

栖息地是指动物休息、居住的地方。你知道大熊猫喜欢住在哪里吗？老虎的栖息地又在哪里呢？让我们一起去看看吧！

动物会根据温度、湿度、土壤等因素，挑选栖息的场所。栖息地能为动物提供食物，并帮助它们躲避天敌。

陆域栖息地是指陆地动物经常栖息的地方，比如森林、草原、荒漠等。

野生熊猫栖息在茂盛的竹林中，主要的食物是竹子。

森林里的生物非常丰富！瞧，老虎、熊等动物都喜欢住在这里。

水域栖息地是指水生动物常年或季节性栖息的地方。

海洋是重要的水域栖息地，各种各样的水生生物在这里生活。

鸟类大多栖息在湿地附近，以方便喝水和觅食。

在热带雨林中，你能找到全世界大部分的蝴蝶。五颜六色的蝴蝶真好看！

随着城市的发展，有些动物的栖息地遭到了破坏。

我们可以通过植树等方式，让飞到城市里的鸟儿在树上安巢。

27

责任编辑　姚成丽
文字编辑　朱丽莎
责任校对　高余朵
责任印制　汪立峰

项目策划　北视国
装帧设计　北视国

图书在版编目（ＣＩＰ）数据

揭秘生物 / 赵霞编绘． -- 杭州 ：浙江摄影出版社，
2021.9
　（小神童·科普世界系列）
　ISBN 978-7-5514-3399-0

　Ⅰ．①揭… Ⅱ．①赵… Ⅲ．①生物学－儿童读物
Ⅳ．① Q-49

中国版本图书馆 CIP 数据核字（2021）第 157372 号

JIEMI SHENGWU

揭秘生物

（小神童·科普世界系列）

赵霞　编绘

全国百佳图书出版单位
浙江摄影出版社出版发行
　　地址：杭州市体育场路 347 号
　　邮编：310006
　　电话：0571-85151082
　　网址：www.photo.zjcb.com
制版：北京北视国文化传媒有限公司
印刷：唐山富达印务有限公司
开本：889mm×1194mm　1/16
印张：2
2021 年 9 月第 1 版　　2021 年 9 月第 1 次印刷
ISBN 978-7-5514-3399-0
定价：39.80 元